ABHANDLUNGEN

DER PREUSSISCHEN

AKADEMIE DER WISSENSCHAFTEN

JAHRGANG 1928

PHILOSOPHISCH-HISTORISCHE KLASSE

NR. 3

BERICHT ÜBER DIE AUSGRABUNGEN IN PERGAMON 1927

VON

THEODOR WIEGAND

MIT 8 TAFELN UND 10 TEXTBILDERN

BERLIN 1928

VERLAG DER AKADEMIE DER WISSENSCHAFTEN

IN KOMMISSION BEI WALTER DE GRUYTER U. CO.

Vorgetragen in der Gesamtsitzung am 21. Juli 1927.
Zum Druck genehmigt am 28. Juni 1928, ausgegeben am 5. September 1928.

Am 9. September 1878 begannen Carl Humann und Alexander Conze für die Berliner Museen die Ausgrabungen zu Pergamon, die alsbald zur Entdeckung der großen Reliefs des Zeusaltars führten. Mit der Klärung des Altarbaues verbanden die Ausgrabungsleiter die Freilegung der wichtigsten Teile der ganzen Oberburg: des Athenaheiligtums mit der berühmten Bibliothek, des oberen Marktes und Theaters, des Dionysostempels und des Trajaneums. Dazu kamen palastartige Wohnbauten mit kostbaren Mosaiken. Die Bergung der Altertümer, die Aufnahmen der Architekturstücke, der Skulpturen und Inschriften dauerten an Ort und Stelle bis 1886; im Anschluß daran erfolgten die auch heute noch fortdauernden Publikationsarbeiten[1]. Dann wandten sich die Berliner Museen anderen großen Ausgrabungen zu: Magnesia a. M., Priene, Milet und Samos.

Man hätte danach annehmen können, daß die Aufgabe in Pergamon erschöpft sei. Das war keineswegs der Fall. Conze drängte immer von neuem auf die Wiederaufnahme der Grabung. »Unmerklich«, sagte er in seinem Vortrag 'Pro Pergamo' am Winckelmannstag 1897[2], »scheint sich die Vorstellung einschleichen zu wollen, als sei das Ziel erreicht. Dem ist nicht so. Es ginge sonst leicht wie bei Statuenfunden: man nimmt, als das Ansprechendste, den Kopf und läßt die Körperteile liegen. So sollte es mit Pergamon nicht gehen.«

Erst im Jahre 1900 gelangte Conze zu seinem Ziel. Das Auswärtige Amt stellte ihm von da ab für jedes Jahr bis zu seinem im Jahre 1914 erfolgten Tode einen Betrag zur Verfügung, mit dem er, unterstützt durch Wilhelm Doerpfelds leitende Teilnahme, den Architekten Dr. Paul Schazmann und viele jüngere Hilfskräfte, immer in der Zeit vom September bis Anfang Dezember graben konnte.

Die damit beginnende zweite große Epoche pergamenischer Forschung setzte nicht mehr auf der Hochburg ein, sondern am Fuße des Berges, anfangend mit der Freilegung des tiefstgelegenen Stadttors und der Aufklärung des Eumenischen Mauergürtels sowie des unteren Marktes, dann emporsteigend zu dem gewaltigen, auf drei übereinanderliegenden Terrassen erbauten Gymnasion, dem Demeterheiligtum und dem Heratempel[3]. Der Verlauf der vom Madarasgebirge kommenden imposanten Hochdruckleitung und ihr Aufstieg zur Hochburg wurde völlig geklärt[4].

War die Grabung auf der Hochburg der Kopf des Ganzen, so waren nun gewissermaßen die Füße gefunden. Es fehlt aber der Mittelkörper. Denn zwischen Carl Humanns Grabung auf dem Scheitel der Burg und der Grabung Conze-Doerpfelds am unteren Südabhang liegt heute noch ein großes, völlig unerforschtes Gebiet, das sich von Höhe 250 bis zu Höhe 70 m herabsenkt. Nicht einmal der Verlauf der Straßen ist da bekannt. Auch die ganze nachattalische Stadt in der Ebene mit ihren gewaltigen Römerbauten muß durch-

[1] Es fehlt noch Band V 2 der »Altertümer von Pergamon« (Die Paläste), der in Vorbereitung ist.

[2] Gehalten in der Berliner Archäologischen Gesellschaft am 9. Dezember 1897. Sonderdruck: Berlin, Georg Reimer 1898; Archäol. Anz. 1897, S. 170ff.

[3] Alle Ergebnisse wurden sogleich in den Athenischen Mitteilungen bekanntgemacht: 1900/1901 = AM 1902, 1902/03 = AM 1904, 1904/05 = AM 1907, 1906/07 = AM 1908, 1907/08 = AM 1908, 1908/09 = AM 1910, 1910/11 = AM 1912.

[4] F. Graeber, Altertümer von Pergamon I 3, Textband, S. 368ff.

forscht werden, soweit es die moderne Bebauung irgend gestattet. Dazu kommen die großen Grabhügel der pergamenischen Fürsten, von denen einer bereits seinen kostbaren Inhalt gespendet hat, und die übrigen Nekropolen. Unerforscht liegt westlich der Unterstadt die antike Hochschule der Medizin, der große Bezirk des Asklepios und anderer Heilgötter.

Dank der Hilfe der Notgemeinschaft der Deutschen Wissenschaft konnte die Wiederaufnahme der Ausgrabungen am 31. März 1927 erfolgen. Das wissenschaftliche Personal bestand außer dem Berichterstatter, dem die Vorbereitung und Gesamtleitung oblag, aus Hrn. Dr. phil. Erich Boehringer, der zu diesem Zweck vom Archäologischen Institut des Deutschen Reiches in dankenswerter Weise beurlaubt wurde, und dem ungarischen Architekten Hrn. Akusios von Szálai, für dessen Mitwirkung wir Seiner Exzellenz dem K. Ungarischen Kultusminister Hrn. Kuno Grafen von Klebelsberg zu Dank verpflichtet sind. Von Hrn. von Szálai stammen alle architektonischen Zeichnungen dieses Berichtes nach seinen Aufnahmen. Als Kommissar der türkischen Regierung fungierte in hilfsbereiter Weise Hr. Asis Bey, Generalinspektor der Altertümer Kleinasiens. Besonderen Dank schulden wir dem Generalgouverneur der Provinz Smyrna, General Kiasim Pascha, der unseren Arbeiten das wärmste Interesse entgegenbrachte und sie in jeder Weise förderte. Als Werkmeister wirkte umsichtig Hr. Fritz Berberich aus Kaiserslautern. Die Arbeiter, deren Zahl bis etwa 100 stieg, waren zum kleineren Teil türkische und jüdische Einwohner von Pergamon, zum größeren aber Kurden, die infolge des Krieges aus der Gegend von Erserûm eingewandert waren und die man in den verödeten griechischen und armenischen Quartieren der Stadt untergebracht hatte. Das griechische Element ist in Pergamon, wie in ganz Kleinasien, völlig verschwunden.

I. Die Arsenale der Hochburg.

Die Arbeit begann zunächst auf dem höchsten, nördlichsten Teil der Oberburg. Dort liegt, nördlich außerhalb der noch hochstehenden spätbyzantinischen Hauptmauer[1], ein länglich siebeneckiger, von Quadermauern umschlossener Bezirk (80 : 150 m), der im Volksmund den Namen »Garten der Königin« trug. Vor der Ausgrabung glich das Innere einer gleichmäßigen Wiese, die nichts vom Inhalt des Bodens verriet. Dieser Bezirk war bereits in attalischer Zeit mit einer Schutzmauer bewehrt, die aber in nachantiker Zeit stark erneuert und z. T. auch verstärkt worden ist. Man sieht in der Nordwestecke der Mauer die Reste eines römischen Tempels mit Säulentrommeln, Gebälk- und Friesteilen verbaut[2], und Ernst Fabricius war es, der aus den Spuren, die eine Architravinschrift im Mörtel hinterlassen hatte, als Inhaberin des ehemaligen Tempels die Kaiserin Faustina die Jüngere erschloß[3]. Danach mußte angenommen werden, daß der »Garten der Königin« uns den Unterbau und Einzelstücke des Aufbaues eines Faustinatempels spenden werde. Aber die Ausgrabung lieferte nicht die geringste Spur davon; statt dessen ergab sich, daß der ganze Bezirk schon in der Königszeit rein militärischen Zwecken gedient hat und lediglich mit Nutzbauten bedeckt war, wie A. v. Szálai's Plan (Taf. 1) beweist. Er zeigt in seinem nördlichen Teile den »Garten der Königin«, in dem mit dunkeler Schraffur fünf langgestreckte, nord-südlich gerichtete Grundrisse erscheinen; ein sechster, nur in geringen Spuren erhalten, liegt am Nordende des Bezirks und verläuft in nordwestlicher Richtung. Die fünf

[1] Taf. 4, Hintergrund, Conze, Altertümer von Pergamon I 2, Textband, Beiblatt 63 zu S. 307, Abb. 1.

[2] Conze, Altertümer von Pergamon I 2, Textband, Beiblatt 62 zu S. 306.

[3] Fraenkel, Inschriften von Pergamon II (Band VIII 2 der Altertümer von Pergamon), S. 224f., Nr. 298. Die erste Abschrift stammt von H. Lolling.

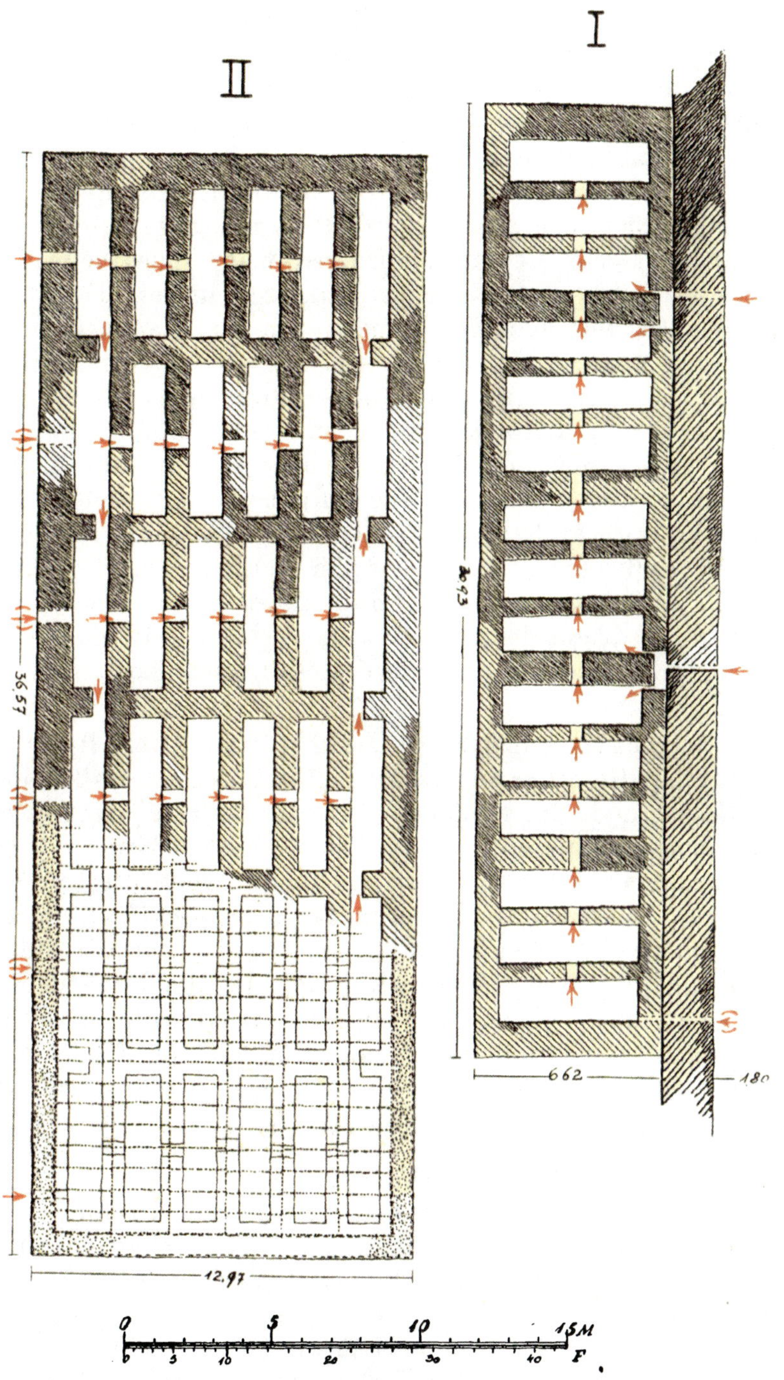

Abb. 1. Arsenal I (an die Burgmauer östlich angebaut) und II (ergänzt).

annähernd parallel verlaufenden Fundamente konnten bald als Reste großer Arsenale bzw. Getreidespeicher erkannt werden, wie sich aus der nachfolgenden Beschreibung ergeben wird.

1. Das an die östliche, 1.80 m dicke Umfassungsmauer des »Gartens« angebaute Arsenal. Länge 30.93 m, Breite 6.62 m. Taf. II rechts und Abb. 1 rechts. Die Mauern bestehen aus Trachytbruchsteinen von mäßiger Größe, die an den einst sichtbaren, aufgehenden Wandteilen gerade behauen und rauh gepickt sind, während die ganze Ostseite der Rückwand, die sich an die Innenseite der Burgmauer anlehnte, sowie die Fundamente diese Bearbeitung nicht zeigen. Das Bindemittel ist Lehm. Die Einteilung der einzelnen Räume ist so, daß immer zwischen zwei dickeren (70 cm), aufgehenden Mauern zwei dünne »Trägermauern« (30 cm) lagen, die nur als Unterstützung eines schwebenden Fußbodenbelages dienten. Dieser selbst muß aus Holz bestanden haben. Es ist keine Spur etwa eines Steinplattenfußbodens vorhanden. So entstanden fünf Kammern (*χῶραι*), die an der Westseite ihre Eingänge hatten. Jedoch ist von letzteren nichts mehr vorhanden. Die ost-westlichen Innenmauern zeigen sämtlich in der Mitte einen 40 cm breiten, einst etwa 90 cm hohen Durchlaß für die Lüftung des Bodens. Alle fünf Zimmer hatten außerdem noch eine Entlüftung nach Osten. Die Luft zirkulierte hier um die östlichen Stirnflächen zweier Kammertrennungswände, und auch die Burgmauer hatte an diesen beiden Stellen einen Luftdurchlaß. Ein dritter liegt am Südende des Bauwerks als gleichmäßig durch Arsenalrückwand und Außenmauer durchgehender Schlitz. Das für dieses Bauwerk anzunehmende Pultdach dürfte sich westlich, nach innen gesenkt haben, da man auf der steilen Hochburg auf das Sammeln des Wassers bedacht sein mußte. Der Rest einer Tonrohrabzugsleitung mit Durchlaß durch die Außenmauer fand sich am Südende des Arsenals.

2. Der westlich folgende Arsenalbau Nr. 2 (Taf. II links, Abb. 1 links) ist vom Bau Nr. 1 durch eine etwa 2 m breite Gasse getrennt und läuft ihm genau parallel; er liegt in gleicher Höhe auf felsigem Untergrund. Im südlichen Teil tritt der Fels jetzt zutage. Länge 36.57, Breite 12.97 m. Die Bauart ist dieselbe wie bei Nr. 1, die Ecken sind mit größeren Quadern verstärkt, die Außenmauern stärker (etwa 70 cm) als die inneren Trägermauern des hohlen Fußbodens (etwa 45 cm). Diese zeigen wiederum Lüftungsdurchlässe, die aber etwas größer als bei Nr. 1 sind (110 : 40 cm). Von den Außenmauern hat nur die südliche Entlüftungsöffnungen, die drei andern Seiten sind geschlossen. Da die Fußbodenträgermauern alle gleich stark sind, so ist anzunehmen, daß dieses Arsenal nicht in Kammern eingeteilt, sondern als ein einziger großer Hallenraum von etwa 390 qm Fläche gestaltet war. Das Dach hatte zweifellos Sattelform und war mit Flach- und Deckziegeln geschützt. Einer derselben trägt die Aufschrift *βασιλική* (*κεραμίς*), ein anderer $\overset{\text{A}}{\text{B}}$ = *Ἀττάλου βασιλέως*, vgl. Inschr. v. Pergamon Nr. 652 (C. Schuchhardt).

3. und 4. Die beiden westlich folgenden Arsenale (Taf. I für Nr. 3, Abb. 2 rechts für Nr. 4, ferner Taf. III links und Mitte) sind unter sich nahezu parallel, weichen aber von Nr. 1 und 2 etwas in südwestlicher Richtung ab und liegen 3 bzw. 4 m tiefer. Beide sind gleich lang und gleich breit (48.70 : 8 m). Mauertechnik wie bei Nr. 2. Vom Bau 3 sind nur die beiden Enden im Norden und Süden freigelegt, vom Bau 4 ebenfalls die beiden Endstücke und das westliche Drittel der ganzen Länge. Hieraus ergab sich, daß Nr. 4 wiederum ein Kammersystem hatte (vgl. Nr. 1), und wegen der sonstigen vollen Übereinstimmung gilt dies auch für Nr. 3. Und zwar handelt es sich um je 6 Kammern, deren innere Scheidewände durch zwei dicht nebeneinander aufgeführte Mauern gebildet wurden, so daß auch diese durchlüftet waren. In jeder Kammer trugen vier dünnere parallele Trägermauern den Fußboden. Auch dieser war mit Unterlüftung versehen, die

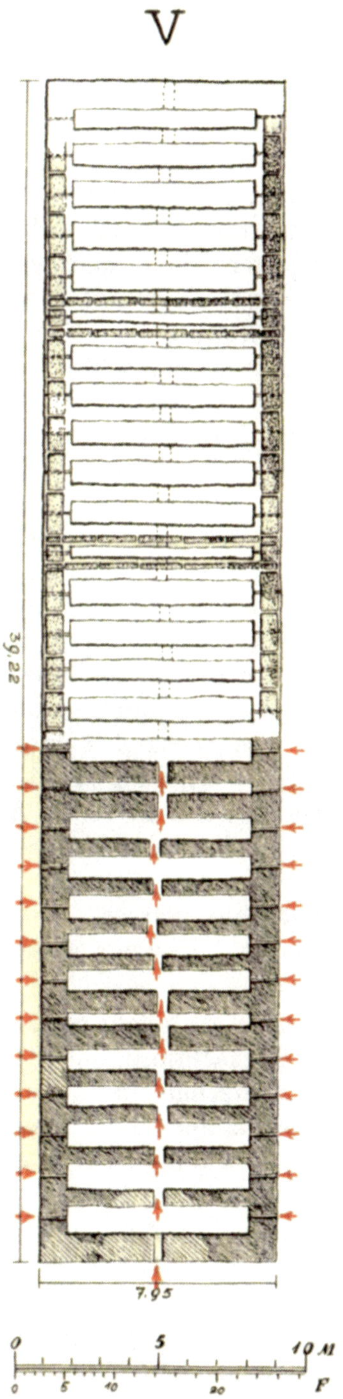

Abb. 3. Arsenal V ergänzt.

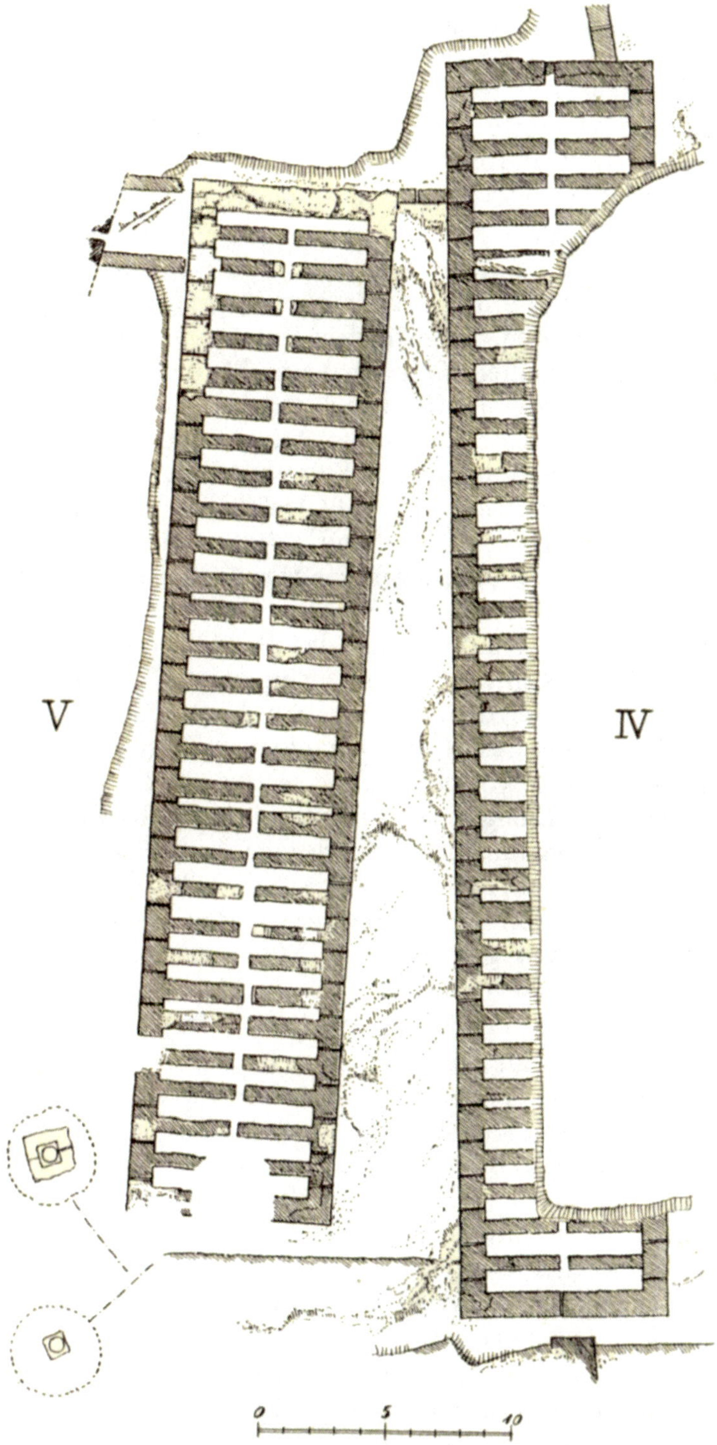

Abb. 2. Arsenal IV und V (nebst 2 Brunnen), Ausgrabungsbefund.

Durchlässe (etwa 45 : 100 cm) gehen durch die Längsachse als breite Öffnungen, außerdem sind alle vier Außenwände mit 100 cm hohen und 20 cm breiten Schlitzöffnungen versehen. An den Stirnseiten findet sich nur je ein Schlitz in der Achsenlinie, an den Langseiten dagegen stehen sie in dichter Anordnung (etwa 1.40 m Abstand) und jeder Schlitz führt zu je einem hohlen Zwischenraum zwischen den Fundamentmauern. Zwischen den Bauten Nr. 2 und Nr. 3 lief eine bis zu 3 m breite Straße, die an den Resten der beiderseitigen Steineinfassungen des Weges erkennbar war.

5. Westlich folgt, wiederum auf einem etwas niedrigeren (1.10 m) Niveau, das fünfte Arsenal (Abb. 2 links und Abb. 3 rekonstruiert, dazu Taf. III rechts und Taf. IV links), Länge 39, Breite 8 m. Auch hier liegt Kammereinteilung mit doppelten, dicht nebeneinander errichteten, aufgehenden Teilungswänden vor und in jedem der 5 Einzelräume liegen 4 dünnere parallele Trägermauern für den Fußbodenbelag. Die Durchlüftung der Fundamente ging wie bei Nr. 3 und 4 durch die Längsachse, dazu kommen an den West- und Ostaußenseiten die langen, schmalen Schlitze wie bei Nr. 3 und 4 in $1^1/_2$ m Abstand, wie sie Taf. IV und besonders V veranschaulichen. Ob an den beiden Stirnseiten achsiale Entlüftungsschlitze waren, läßt sich nicht mehr sagen, weil die Mauern dort zerstört sind. Nach Analogie von Nr. 3 und 4 ist es als sicher anzunehmen. Von den einstigen Eingängen hat sich ebensowenig etwas feststellen lassen wie bei den vorhergehend beschriebenen Bauten. Wohl aber ließ sich an diesem Bau ein Rückschluß auf die oberen Konstruktionsteile machen. Auf den Fundamenten, eine Schicht höher als die Abdeckschicht der äußeren Schlitzöffnungen, bemerkt man nämlich Lagerspuren für Holzbalken, die durch die ganze Dicke der Außenmauern hindurchreichten und auf deren Oberfläche im Innern des Baues einst die Fußbodenbohlen aufgenagelt waren. (Taf. VI obere und untere Abb., vgl. dazu Abb. 3, oberer Teil.) Reste verbrannter Holzbalken mit Faserverlauf in westöstlicher Richtung hat Dr. BOEHRINGER beobachtet. Darüber erhoben sich dann offenbar Lehmziegelwände über einer flachen Ausgleichschicht von kleineren Steinen. Diese ist an vielen Stellen in gleichmäßiger Oberfläche erhalten, die den hier beginnenden Materialwechsel beweist. Wäre der ganze Bau als Steinbau errichtet gewesen, so hätte er bei seinem Untergang bedeutende Steinreste rings um die Fundamente hinterlassen. Statt dessen fand sich eine starke Schicht gelblicher Lehmerde, vermischt mit einer großen Menge von Trümmern des einstigen Dachziegelbelags (s. u.).

Die Gebäude Nr. 3, 4 und 5 sind einem Brande zum Opfer gefallen, zahlreiche Spuren im Innern wie an den Außenmauern bewiesen das. Nach einer Beobachtung der HH. Dr. BOEHRINGER und v. SZÁLAI gewinnt es den Anschein, als ob die Arsenale, sei es vor oder nach dem Brande, außerdem durch ein von Süden nach Norden laufendes Erdbeben verwüstet worden seien: »Die Mauern der Gebäude Nr. 3 und 4 liegen häufig, sich überlegend, nach Norden aus und die von Trägermauern im Innern herabgestürzten Decksteine der Luftlöcher sind stets nach Norden hinuntergefallen.« Die Zeit der Zerstörung wird sich annähernd durch die gesondert gesammelten keramischen Reste erkennen lassen, deren Studium begonnen hat.

Südwestlich des Arsenals Nr. 5, also an einer der tiefsten Stellen des Bezirkes, fanden sich zwei sorgfältig ausgebaute Brunnen (Abb. 2 links unten). Zu dem südlicheren von beiden führte ein Leitungstonrohr, das wohl einst die Dachwasser der Arsenale dem Brunnen zuleitete. Die natürlichen Felswände dieses noch $5^1/_2$ m tiefen Brunnens sind mit hartem Verputz ausgekleidet. Der weiter südwestlich gelegene Brunnen ist besonders stattlich. Die Weite beträgt unten 4 m im Quadrat, die Wände sind sorgfältigst mit Trachytquaderwerk ausgekleidet. Die Tiefe beträgt heute $6^1/_2$ m.

Wie die fünf Arsenale nebeneinander angeordnet und in welchen Niveaudifferenzen sie errichtet waren, wird durch eine Rekonstruktionsskizze v. SZÁLAI's (westöstlicher Schnitt) in Abb. 4 veranschaulicht.

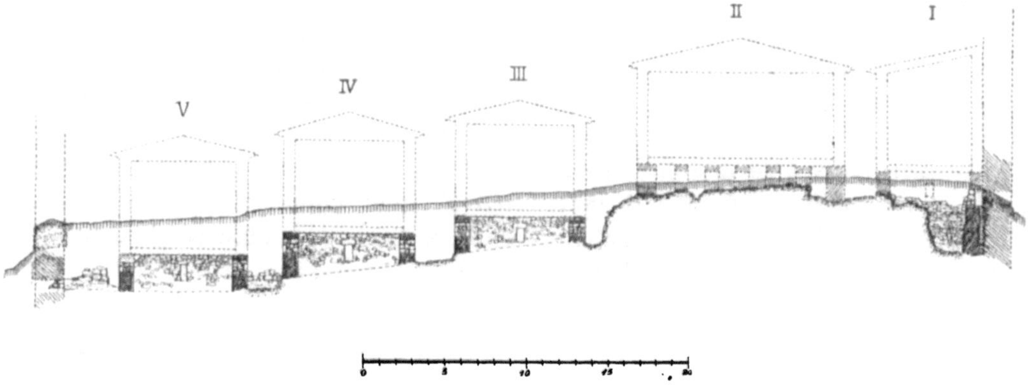

Abb. 4. West-östlicher Schnitt durch den »Garten der Königin«, Arsenale ergänzt.

Vor der Nordseite der Bauten Nr. 4 und 5 sowie an der Westseite von Nr. 5 fanden sich die Reste mannshoher Pithoi (Abb. 5) mit eingekratzten Zahlzeichen. Nur eine dieser Zahlen ist vollständig und ergibt 58 Einheiten eines großen Hohlmaßes.

Abb. 5. Zwei Pithoi vor der Nordfront des Arsenals V.

Die Arsenale Nr. 3, 4 und 5 sind so auffällig übereinstimmend in der Anlage und Technik, daß sie etwa gleichzeitig entstanden sein dürften, die Bauten 1 und 2 könnten etwas älter sein. Für die Datierung liefern uns die Stempel der Dachziegel entscheidende Anhaltspunkte. Solche Ziegel haben sich bei allen fünf Arsenalen gefunden, am wenigsten bei Nr. 1, 2 und 3, weil dort eine geringe Verschüttung war, am meisten bei 4 und 5, wo die Verschüttung bis 4 m hoch war. Die Ziegel gehören zu dem System großer Flachziegel und Deckziegel, wie sie C. SCHUCHHARDT in seiner Behandlung der pergamenischen Ziegelstempel beschrieben und abgebildet hat (Inschriften von Pergamon II, S. 394) und wie sie übereinstimmend in den hellenistischen Häusern Prienes gefunden wurden (Priene S. 306). Zu den von SCHUCHHARDT dargestellten Ziegeln kommen hinzu noch Randziegel mit Traufrinne, wie sie ebenfalls in Priene gefunden sind (s. Priene S. 307, Abb. 60). Das besterhaltene Stück dieser Art trägt den Stempel Ἀ[ττάλου] β[ασιλεύοντος] (Inv. Perg. 1927, Nr. 24).

Stempel (vgl. hierzu Abb. 8 unten)	Fundstelle					
	Bau 5, äußere Südseite	Bau 5, äußere Nordseite	Bau 5, innere Südseite	Bau 5, Nordost-seite	Bau 4 u. 3, Nord- und Südseite	Bau 2, Ostseite
1) A B Ἀ[ττάλου] β[ασιλεύοντος], vgl. SCHUCHHARDT S. 401, Nr. 652 ff.	4	3	5	1	2	—
2) A B Δ »Im 4. Jahr der Regierung des Attalos«, vgl. SCHUCHHARDT Nr. 661 ff.	—	—	2	—	—	—
3) Θ A B »Im 9. Jahr der Regierung des Attalos«, vgl. SCHUCHHARDT Nr. 663 (Wasserrohr älterer Form aus dem Athenatempel), vgl. S. 394 C.	—	—	1	—	—	—
4) Δ A Φ I B I »Im 14. Jahr der Regierung des Attalos, Monat Φ[ιλέταιρος]«, vgl. SCHUCHHARDT Nr. 679 ff.	1	—	—	—	—	—
5) M B A oder B M A »Im 40. Jahr der Regierung des Attalos«, vgl. SCHUCHHARDT Nr. 661 ff.	4	—	2	1	—	—
6) A M B Δ »Im 40. Jahr, Monat Δ[άλιος?] der Regierung des Attalos«, vgl. SCHUCHHARDT S. 404, Nr. 665 ff.	5	—	1	1	—	—
7) A M B Δ H »Im 40. Jahr der Regierung des Attalos, Monat Δη[μητριών?]«, vgl. SCHUCHHARDT Nr. 665 ff.	2	—	1	—	—	—
8) βασιλείων »zum Palast gehörig«, vgl. SCHUCHHARDT Nr. 641.	7	3	5	—	2	—
9) βασιλικῶν (κεραμίδων).	1	—	—	—	—	—
10) βασιλική (κεραμίς), vgl. SCHUCHHARDT Nr. 642.	1	3	—	—	3	1
11) ἱερῶν bzw. ἱερέων »zu den Heiligtümern« bzw. »den Priestern gehörig«, vgl. SCHUCHHARDT Nr. 646.	4	1	1	—	—	—
12) δωρέων »zu den (königlichen) Stiftungen (Benefizialgütern) gehörig«.	1	—	1	1	—	—
13) Τειχῶν »zu den Mauern gehörig«, vgl. SCHUCHHARDT Nr. 645.	3	1	1	3	—	—
	33	14	20	7	7	1

Die pergamenischen Dachziegel trugen einst zwei Stempel: erstens den abgekürzten Herrschernamen auf der Oberfläche (s. u. Nr. 1—7), zweitens den Namen der Gebäude, für die sie bestimmt waren, oder die Namen der Besteller (s. u. Nr. 8—13), und zwar war dieser Stempel regelmäßig an der schmalen Fläche des unteren Randes eingedrückt (Abb. 8, unten). Das vorstehende Verzeichnis gibt einen Überblick über die wichtigsten dieser Stempel und über ihre Fundorte. Unvollständige und zweifelhafte Stücke habe ich weggelassen.

Die Stempel Nr. 1—7 mit dem Namen Attalos sind epigraphisch unter sich gleichartig. Sie beziehen sich auf ein und denselben Fürsten dieses Namens, und da auf 17 Stempeln das vierzigste Regierungsjahr erwähnt wird, so kann es sich nur um Attalos I. handeln, den einzigen Attaliden, der vierzig und mehr Jahre regiert hat (241—197 v. Chr.). Aber auch da, wo der Stempel nicht auf den Herrschernamen lautet (Nr. 8—13), läßt sich engste Verbindung mit Attalos feststellen. Daß nämlich auch die mit *δωρέων* gestempelten Ziegel auf seine Stiftungen zurückgehen, ist durch mehrere Ziegel bewiesen, auf denen gleichzeitig *δωρέων* und *Ἀ[ττάλου] β[ασιλεύοντος* steht (Inv. Perg. 1927, Nr. 30, 59, 87, 88, 89, 91). Dasselbe ist der Fall mit dem Stempel *Βασιλείων*, der sich zehnmal vereint mit dem Namen des Attalos findet (Inv. Perg. 1927, Nr. 11, 16, 17, 29, 62, 64, 66, 77, 84, 85). Dieses Vorkommen zweier verschiedener Stempel auf ein und demselben Ziegel ist ein neues Ergebnis; die in den »Inschriften von Pergamon« publizierten Ziegelstücke enthalten noch kein Stück mit zwei Stempeln. Daß gerade das Jahr 201 v. Chr. als Baujahr militärischer Anlagen erscheint, ist keineswegs Zufall: in diesem Jahr machte Philipp V. von Makedonien einen gefährlichen Angriff auf die Westküste Kleinasiens, versuchte Pergamon zu überrumpeln, und da ihm das nicht gelang, verwüstete er die vor der befestigten Stadt gelegenen Heiligtümer, das Nikephorion, den Aphroditetempel und das Asklepieion. Rechtzeitig hatte Attalos I. sich vor dem schlimmsten geschützt, er konnte die Angriffe auf die befestigte Stadt aushalten und den Gegner zum Abzug zwingen, weil er das flache Land von Nahrungsmitteln entblößt und alles in der Festung konzentriert hatte (Polyb. XVI 1, vgl. B. Niese, Gesch. der griech. und makedon. Staaten II, S. 584, J. L. Ussings Pergamos S. 17).

Damit sind die fünf Arsenalbauten — und wir dürfen das stark zerstörte Fundament an der Nordspitze als sechstes hinzurechnen — als Bauten des ausgehenden dritten Jahrhunderts v. Chr. erwiesen und werden damit zu vergleichen haben, was die hellenistischen Kriegsschriftsteller dazu sagen.

Zuvor sei festgestellt, was sich an einzelnen Funden ergab, die auf militärische Benutzung hinwiesen. Es fanden sich an verschiedenen Stellen bronzene Pfeilspitzen, auch zwölf eiserne Speerspitzen im Bau Nr. 1, der bronzene Überzug eines Rundschildes von 67 cm Durchmesser an der Nordostecke des Baues Nr. 5 (Abb. 6). Der Rand ist nach innen umgebogen, der umgebogene Teil spitzzackig gebildet und zeigt an 4 Stellen Löcher für eine Befestigung am Holz- oder Lederrand des inneren Schildteiles. Zwischen diesem und dem bronzenen Überzug hatte der Verfertiger des Schildes mehrere Schichten Papyrusblätter eingeschoben, deren Schrift noch an einzelnen Buchstaben deutlich erkennbar war. Einer Vermutung L. Deubners folgend möchte ich darin Reste eines Talismans erblicken, der den Träger des Schildes vor Gefahr behüten sollte. Im Bau Nr. 5, wo sich auch zahlreiche Eisenteile, Nägel und Klammern, fanden, wurden besonders viele Reste von Tonamphoren rhodischer Art, einige mit Henkelstempeln, gefunden (z. B. *Ἀνδρικοῦ* mit wagrecht liegendem Kerykeion).

Wir dürfen annehmen, daß alles, was zur Abwehr einer Belagerung dienen konnte, auf diesem Teil der Hochburg gestapelt war, was natürlich nicht ausschließt, daß Attalos auch an anderen Teilen seiner Stadt Depots angelegt hat. Die meisten dieser Vorräte konnten nicht im Freien aufgehoben werden, und Philo Mechanicus[1] gibt uns vorzüglichen Bescheid über ihre Bestandteile: Bogen und Pfeile, Speere und Schilde, Pfeilgeschütze und Steinwerfer, dazu Schmiedeeisen, Erz, Blei, Pech und Schwefel, starke und feinere Binsenstricke, Bogensehnen aus zusammengedrehten starken Tiersehnen, Pfähle, Seegras, Werg, Fackeln, Lampen, Laternen (vgl. Äneas Tact. X, 16, XXVI, 5), Ölspritzen, die etwa die Funktion

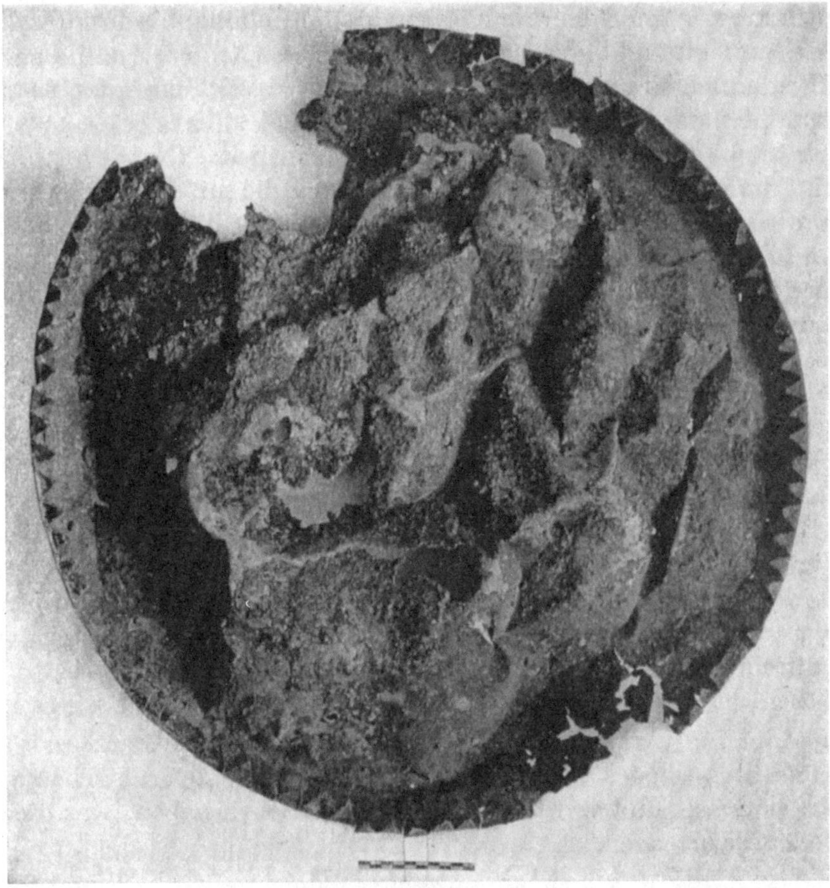

Abb. 6. Innenseite des Bronzeüberzugs eines Rundschildes.

unserer heutigen Flammenwerfer hatten, und Sichelräder, die man auf tiefer stehende Angreifer der Festung herabrollen ließ und die besonders große Verluste beim Gegner verursachten. Es mußte natürlich des Angreifers Ziel sein, solche Magazine durch Feuer zu vernichten. Bei Arrian Anab. I 23 lesen wir, daß dies Alexander d. Gr. bei der Eroberung von Halikarnass gelungen ist: *ἐμπιπρᾶσι καὶ τὰς στοὰς ἐν αἷς τὰ βέλη αὐτοῖς ἀπέκειτο.* Strabo (653) erwähnt Waffenmagazine (*θησαυροὶ ὅπλων*) als besonders stattliche Anlagen in Rhodos, Massalia und Kyzikos.

Zu den Waffenvorräten kam der Getreidevorrat. »Es gebührt sich,« sagt Philo (a. a. O. S. 45), »daß die Stadt sich nicht weniger als für ein Jahr Getreide einlegt. Man soll

[1] H. Diels und E. Schramm, Exzerpte aus Philons Mechanik, B. VII und VIII, Abhandl. d. Preuß. Akad. d. Wiss. 1919, Phil.-hist. Kl. Nr. 12.

es kaufen, wenn es am wohlfeilsten ist und das alte verbrauchen und neues einlegen für die etwa kommende Belagerung und den dann eintretenden Nahrungsmangel.« Auch Wein, Speiseöl, Zwiebel sollen aufgestapelt werden, dazu Erbsen und Bohnen, Käse, Hirse, Mohn, gesalzenes und gedörrtes Fleisch. Alles das konnte nur im Innern der Gebäude aufbewahrt werden, auch die größeren Artilleriemaschinen mit ihren empfindlichen Sehnen und ihrem Holzgestell, das auf die Dauer weder Sonne noch Regen vertragen konnte.

Berechnen wir einmal, wieviel Getreide auch nur einer dieser neuentdeckten Magazinbauten fassen konnte. Wir wählen dazu den $36^1/_2$ m langen, 13 m breiten Bau Nr. 2. Um seine nutzbare Innenfläche zu ermitteln[1], ziehen wir an allen vier Seiten die Mauerstärken ab und rechnen auch noch einen Umgang um die gestapelte Masse ab, seitlich je 30 cm, an beiden Fronten je $1^1/_2$ m. Dann bleiben für die Schüttfläche 352 qm. Die Aufschüttungshöhe des Getreides ist bei Gerste mit einem Meter zu veranschlagen, somit 352 cbm. Von diesen sind die mit 40° geböschten Außenränder abzuziehen, so daß etwa 318 cbm verbleiben. 1 cbm Gerste wiegt 550 kg. Somit enthielt der ganze Bau rund 175000 kg Gerste. Rechnet man auf den Kopf in Kriegszeiten täglich $^1/_2$ kg, so ergibt dies 350000 Portionen, d. h. dies eine Magazin konnte etwa tausend Menschen während eines ganzen Jahres mit Getreide ernähren, wenn die Gerste nur einen Meter hoch aufgeschüttet war. Die luftige Hohlschicht unter den Magazinen mußte natürlich ziemlich bedeutend sein, sie beträgt in Pergamon $1^1/_2$ bis 2 m. Wenn der Unterbau ganz in der Erde steckt, gibt es nur eine innere Luftzirkulation[2], im anderen Fall erhalten auch die Außenwände jene Luftschlitze, wie wir sie auf Abb. 3 sehen. Die Bauten Nr. 1 und 2 haben nur auf je einer Langseite äußere Luftschlitze, Nr. 3 und 4 auf beiden Langseiten sowie auf den Schmalseiten, ebenso vermutlich Nr. 5, wo die Schmalseiten zerstört sind. Diese äußeren Schlitze konnte man in der nassen Jahreszeit vermutlich mit Holzbrettern oder schmalen Steinplatten dichten, um den Eintritt der Feuchtigkeit zu verhindern. Interessant ist ein Vergleich mit unseren heutigen landwirtschaftlichen Speichern. Zu ihrem Bau verwendet man entweder Hohlziegel oder man errichtet steinerne Mauern mit isolierenden Luftschichten. Unter dem Fußboden muß ebenfalls eine Luftschicht sein, wenn nicht gar ein besonderer Raum da ist, der für andere Zwecke benutzbar ist.

Philo nennt unter den verschiedenen Anlagen für Getreidebewahrung auch den von uns gefundenen Typus (H. Diels und E. Schramm, Exzerpte a. a. O., S. 41): »Es gibt aber auch noch eine andere Art der Aufbewahrung (als die unterirdische), nämlich in oberirdischen Speichern (*ἐν ὑπερῴοις*), deren Wände und Böden mit Ölhefe überstrichen sind und die mehrere nach Norden gerichtete Fenster (*θυρίδας*) und Luftlöcher (*διεκπνοάς*) haben«. Diese sind vergittert, »damit (das Getreide) nicht von den Vögeln gefressen wird oder Tiere eindringen können«.

Die technischen Errungenschaften der griechischen Bauweise[3] sind von den Römern übernommen und zäh festgehalten worden. Das beste ältere Beispiel (133 v. Chr.) ist die

---

[1] Ich folge hier der von General Wahle in seinem Aufsatz über die Proviantmagazine der Saalburg aufgestellten Berechnungsmethode, Die Saalburg, Mitteilungen der Vereinigung der Saalburgfreunde II, Nr. 1, 1918, S. 5 ff. Auch A. Schulten, Numantia III, S. 207 ff. ist dieser Methode gefolgt.

[2] Innere Zirkulation erforderten auch die Wasserspeicher, für die eine große Anlage in Firmium (Fermo, Annali dell' Inst. 1846, S. 46, Mon. d. J. Taf. XXV und XXVI) sowie in Val Catena (Österr. Jahreshefte 1906, Beiblatt, S. 30) bezeichnend sind.

[3] In Eleusis erscheinen Magazine inschriftlich bereits im 5. Jahrhundert v. Chr., vgl. F. Noack, Eleusis S. 189 ff., Dittenberger Syll. I. G.² 20, 10, und sehr anschaulich wird in der Ehreninschrift von Olbia für Heroson, S. d. Protogenes die drohende skythische Kriegsgefahr geschildert, angesichts derer er die wichtigsten Türme der Stadt instand setzen läßt *καὶ τὸν σιτόβολον* S. I. Gr.² 226, 145. Über die Kornspeicher in Alexandria s. neuerdings U. Wilcken, Hermes 63, S. 48 ff. Dio. 42, 38,2: *ἀποθῆκαι τοῦ σίτου*, Strabo 17, 794: *ἀποστάσεις*, am Hafen, vgl. Milet I 7, S. 156 ff.

von A. SCHULTEN in Castillejo bei Numantia gefundene dreiteilige Anlage mit Außenpfeilern (wie später auch in England, s. u.) und Luftschlitzen dazwischen, vgl. Numantia III, Taf. 25 nebst Rekonstruktion, Abb. 3. Auf der Saalburg hatte der Hohlraum unter der Lagerfläche des Horreums eine Höhe von $1^{1}/_{2}$ m. ERNST FABRICIUS fand eine Anlage mit Außenschlitzen 1905 im Kastell Urspring. Am besten erhalten sind aber solche Anlagen in England, wo außer den Schlitzen auch noch regelmäßig verstärkende Außenpfeiler hinzutreten, die darauf schließen lassen, daß man die Getreidemassen erheblich höher geschüttet hat, als in unserer Berechnung angenommen wurde. In Ribchester fand GARSTANG 1899 ein Horreum, dessen Hohlraum unter der Schüttfläche $3^{1}/_{2}$ englische Fuß, gleich etwa 105 cm betrug[1]. Darüber fanden sich die Reste eines schwebenden Steinfußbodens und auf diesem eine zwei Fuß hohe Schicht verkohlten Getreides. Darüber lagen Holzkohlen von Balkenresten des Daches und Reste der Dachziegel. Auch in Birrens fand man in einem Horreum verbrannten Weizen.

Dafür, daß die pergamenischen Arsenale nicht nur Getreidespeicher, sondern vor allem auch Aufbewahrungsstätten von Wurfmaschinen waren, ergab sich bald ein weiterer überraschender Beweis. Rings um die Gebäude wurde nämlich die Munition dieser Maschinen gefunden, 894 Steinkugeln aus blaßrötlichem Trachyt, aus dem auch der Burgberg besteht. Sie bedurften, im Gegensatz zu den Geschützpfeilen und den Pfeilen der Handbogen, nicht der Aufbewahrung im Innern von Gebäuden, lagen aber natürlich in unmittelbarer Nähe der dort untergestellten Wurfmaschinen, zu denen sie gehörten. Dr. BOEHRINGER übernahm es, dieses Material zu ordnen, und zwar wurden alle gleichartigen Kugeln zu Haufen vereint und das Ganze in neunzehn übersichtlichen Pyramiden vor dem Museum der Ausgrabungen aufgebaut (Taf. VII). Jedesmal die oberste Kugel einer gleichartigen Pyramide wurde gewogen:

Pyramide	Durchmesser	Gewicht in kg	Pyramide	Durchmesser	Gewicht in kg
1	40.1 cm	76.141	11	28.9 cm	24.680
2		73.116	12		24.068
3	33.6 cm	47.748	13	24.05 cm	18.104
4		42.372	14		17.926
5	31.3 cm	38.192	15		17.648
6		37.236	16	22.8 cm	14.124
7		31.772	17		13.796
8		28.376	18		12.897
9		26.636	19	14 cm	6.420
10	28.9 cm	26.210			

Daß dieses Geschoßmaterial sicher hellenistisch ist, ergab sich aus der Fundlage zwischen und unter den hellenistischen Dachziegelresten.

Die Waage, auf der die Kugeln von Dr. BOEHRINGER gewogen wurden, hatte ein Gewichtsangabe bis zu 150 türkischen Dram herab = 468 Gramm. Die Gewichte können also nicht als exakte gelten, genügen aber vollkommen zur Bestimmung des antiken Ka-

[1] JOHN WARD, The Roman Fort of Gellyaer, London 1903, S. 60ff. und S. 64, Anm. Dort liegt je eine Getreidehalle an der südlichen und westlichen Wallstraße bei den Toren (vgl. Transactions of the Society of Cymmrodorion 1908/1909, S. 84, Fig. 84). In Corstopitum lagen zwei solcher Gebäude dicht nebeneinander, vgl. HAVERFIELD, Corstopitum (Archaeologia Aeliana 3. Ser., Bd. V, 1909, S. 40, Pl. XXII). Technische Beschreibungen aus römischer Zeit finden sich bei Plin. nat. hist. XVIII 301, 306, Varro rer. rust. I 57, Columella rei rustic. lib. I c. b. 9 ff.

libers im ganzen. Danach sind die schwersten Geschosse (76—73 kg) für dreitalentige Maschinen bestimmt gewesen, wie sie Athenaios W 27, 7 erwähnt. Diese wurden nicht geschleudert, sondern mit Wurfrinnen abgeworfen, Philo, mech. Exzerpte 91, 8, S. 53 DIELS-SCHRAMM, vgl. ebenda S. 9. Für zweitalentige Maschinen kommt das Gewicht von annähernd 48 kg in Betracht, für anderthalbtalentige das Gewicht von 38 bis 37 kg. Die eintalentigen Maschinen bedienten sich der Geschosse von 26 bis 24 kg. Dann folgen 45minige Maschinen mit Kugeln von 18 bis 17 1/2 kg, 30minige mit 14 bis 13 kg und 15minige mit etwa 6 1/2 kg. Es ergibt sich also, daß die Arsenale der pergamenischen Königsburg sieben Arten von größeren Verteidigungsmaschinen enthielten.

Der höchste Punkt der Burg ist aber nicht die einzige Stelle, wo sich solche Geschosse gefunden haben: einige sind bereits bei den Grabungen HUMANNS vor 1886 ausgegraben worden, und zwar in dem am befestigten Eingang in die Oberburg westlich dem Athenapropylon gegenüberliegenden Bau, der nicht als Wohnpalast oder »Wirtschaftsräume«, sondern als Kaserne der Leibwächter der Könige zu deuten ist und der sich südlich an den Wohnpalast Nr. 5 anschließt. Man hat die bei dieser Baugruppe (Plan Altertümer von Pergamon VIII 1, oberer Teil des Stadtberges, Gruppe VI) gefundenen Steinkugeln für mittelalterlich angesehen. Dieser Irrtum mag dadurch verständlich werden, daß noch niemals vorher antike Munition in größerer Menge gefunden worden war. Inzwischen aber sind gewaltige Mengen hellenistischer Steinkugeln am Ufer des Kriegshafens von Karthago entdeckt worden, im ganzen 2500 Kalksteinkugeln von 30 bis 10 cm Durchmesser, die sich auf zwei 60 m voneinanderliegende Haufen verteilten. Mit ihnen fanden sich etwa 20000 tönerne Schleudergeschosse. 222 dieser Steinkugeln trugen punische Schriftzeichen des 2. Jahrhunderts v. Chr. Von dem dazugehörigen Geschützmagazin hat sich nichts gefunden[1]. Generalleutnant B. RATHGEN, der die Munition an Ort und Stelle untersuchte, konnte aus ihr drei Kaliber erschließen, wobei das mittlere, vermutlich eintalentige, am häufigsten vertreten war. »Es war das Hauptgeschütz, die andern dienten nur besonderen Zwecken« (Zeitschr. für hist. Waffenkunde V, 1909—1911, S. 236ff.). Die von Scipio 133 v. Chr. benutzte Munition (Sandstein, rauh behauen) ergab, daß der Angreifer nur schwache Kaliber mit sich führte (10 Minen = 9 Pfund, bis zu einer Mine)[2].

Die von CONZE, Pergamon I 2, S. 329, Fig. 125 abgebildeten beiden Eisenverbindungen für starke Hölzer, die ebenfalls in Baugruppe VI der Hochburg gefunden wurden, glaubte er der byzantinischen Zeit zuschreiben zu sollen, und er läßt offen, ob sie zu einem Bauwerk oder zu Kriegsmaschinen gehört haben. Nur das letztere scheint mir möglich; der steile Winkel der Eisenverbindung Fig. 125 rechts paßt in keiner Weise zu einem Hause, wo höchstens die Dachschräge in Betracht käme; dafür ist der Winkel aber zu steil. Holzverbindungen mit sehr steilen Winkeln[3] sind gerade bei den Streben (ἀντηρίδες) antiker Wurfmaschinen das übliche[4]. Wie stark der Rückprall bei den großen Kugelwurfmaschinen war und wie kräftig deshalb die Verbände sein mußten, geht mit besonderem Nachdruck aus Ammians Angaben XXIII 4, 5 hervor; vgl. SCHRAMM, Die antiken Geschütze der Saal-

[1] P. GAUCKLER, Compte rendu de la Marche du Service en 1903, S. 10f.; Nouv. Archives des Missions scientif. XV (1907), S. 569, Taf. XXXV, 1. R. OEHLER, Die Saalburg II, 1, 1918, S. 16ff.

[2] A. SCHULTEN, Numantia III, S. 264f. und Taf. 53.

[3] Über die Elemente der antiken Holzkonstruktion bei der Poliorketik, insbesondere auch Eisenverbindungen vgl. SACKUR, Vitruv S. 36ff. und besonders S. 61, Abb. 33.

[4] H. DIELS und E. SCHRAMM, Herons Belopoiika, Abh. Berl. Akad. 1918, phil.-hist. Kl., Nr. 2, S. 24, Bild 10 und S. 39 Bild 18, vgl. derselben Verfasser Exzerpte aus Philons Mechanik B. VII und VIII, Abh. 1919, Nr. 12, S. 12, Bild 1b und E. SCHRAMM, Die antiken Geschütze der Saalburg, Taf. 10, H. DIELS, Antike Technik³ S. 98f., Abb. 40, 41.

burg S. 73, Diels, Antike Technik³ S. 99. Nachdem sich die von Humann gefundenen Kugeln als hellenistisch erwiesen haben, dürfen wir die Reste der Eisenverbände alter Wurfmaschinen ebenfalls der hellenistischen Zeit zuweisen. Es ergibt sich somit, daß die Paläste auf der Hochburg, sowohl im Norden als auch im Süden, unter militärischem Schutz standen.

Wir haben im »Garten der Königin« bisher nur die Arsenale behandelt. Es erhebt sich aber die Frage, wo denn die Offiziere und Soldaten untergebracht waren, denen die Bewachung und Verwaltung der Arsenale oblag. Da zeigt sich bei einer näheren Betrachtung der sechs Wohnhausgruppen der Hochburg (Altertümer von Pergamon I, Taf. III), daß die Gruppe I, die sich südlich an das Arsenalgebiet anschließt, keinerlei besondere Merkmale einer feineren Ausbildung der Innenräume zeigt, wie man sie für fürstliche Wohnräume erwartet. Es ist eine große, später stark erweiterte Peristylanlage der älteren Königszeit, und die wenigen Reste des Oberbaues zeigen Trachyt als Baustoff. Bohn hat nun schon, ohne von dem Vorhandensein von Arsenalen im benachbarten »Garten der Königin« etwas zu ahnen, in diesem Bau, der im Verbande der älteren Burgmauer errichtet worden ist, eine Kaserne mit Waffendepots vermutet, weil im Schutt zahlreiche Spitzen von Lanzen und Pfeilen verschiedenster Art gefunden worden sind[1]. Es darf angenommen werden, daß die Arsenale mit der Wohnbaugruppe I in engstem Zusammenhang gestanden haben; und nun erst gewinnen wir ein ganz großes Bild der militärischen Organisation Attalos' I. Daß die Kaserne in einem gewissen Abstand von den Arsenalen lag, entsprach der Rücksicht auf Feuersgefahr. Dasselbe sehen wir in Castillejo bei Numantia, Schulten, a. a. O. S. 207. War man bisher im Zweifel, welchem der pergamenischen Herrscher mit dem Namen Attalos der Kriegsschriftsteller Biton sein Werk *Περὶ κατασκευῆς πολεμικῶν ὀργάνων* gewidmet hat, so gewinnt es jetzt die größte Wahrscheinlichkeit, daß der erste Herrscher dieses Namens gemeint ist.

Die Burg der ersten Königszeit liegt an ihrem höchsten Punkte 275 m über der Ebene[2], an ihrem niedrigsten, beim Athenatempel, 256 m. Geschosse eines Angreifers mit großen Kalibern konnten damals zu diesen Höhen nicht emporgeschleudert werden, selbst ein Pfeilgeschoß flog nicht höher als etwa ein Stadion. Die Burg war also ausgezeichnet gesichert, um so mehr, als einem Versuch des Erklimmens wegen der Steilheit und Übersichtlichkeit der Abhänge der denkbar größte Widerstand entgegengesetzt werden konnte, wie ihn der zur Zeit Attalos' I. lebende Athenaios, *Περὶ μηχανημάτων* 37, 3 so anschaulich schildert[3]: »Wenn die Plätze unzugänglich sind und auf Felskegeln liegen, so lassen sich wegen Unzulänglichkeit die Maschinen nicht heranbringen, und dabei machen nicht so sehr die Steilabfälle Schwierigkeiten als die vom Mauerkranz geschleuderten gewaltigen Felsblöcke, die mächtigen Steinkugeln (*σφόνδυλοι*) und andere ähnliche Dinge, die abwärts sausen und durch ihren Schwung eine unwiderstehliche Kraft entwickeln.« So hat Attalos I. dem von Aristoteles, Politik VII 11, aufgestellten Ideal entsprochen: »Am Ende erlangt man durch gute Verteidigungsanstalten auch noch dies, daß andere nicht einmal daran denken, uns anzugreifen[4].«

---

[1] Conze, Altertümer von Pergamon I 2, S. 327.

[2] A. Philippson, Altertümer von Pergamon I 1, S. 55, O. Berlet S. 39.

[3] Herausgegeben und übersetzt von Rudolf Schneider, Abh. d. Gesellsch. d. Wiss., Göttingen 1912, Band 12, Nr. 5, S. 35. Schneider übersetzt m. E. irrtümlich *σφόνδυλοι* mit »Baumstämme«. Über die Zeit des Athenaios vgl. Walter Sackur, Vitruv und die Poliorketiker, Berlin 1925, S. 86ff., dazu H. Bulle, Neue Jahrbücher 1927, S. 138.

[4] Vgl. dazu die ausgezeichneten Vorschriften des pergamenischen königlichen Astynomengesetzes, Ath. Mitt. XXVII, 1902, S. 47ff.

II. Vorläufiges über das „Prinzessinnenpalais".

Das zweite große Objekt der Ausgrabung des Jahres 1927 war der palastähnliche Bau, der in den älteren Berichten mit dem Namen »Prinzessinnenpalais« bezeichnet wird. Er liegt vor dem Tor der Hochburg, östlich vom Aufgang, etwa auf Höhe 295 ü. M., also unterhalb des Athenaheiligtums und oberhalb des großen Altars. »Hier sind«, sagt Alexander Conze[1], »gewaltige Unterbauten eines am Abhang aufgerichteten Baukörpers teilweise von uns freigelegt. Die Technik der Mauern, einzelne gefundene reizende Architekturwerkstücke, so ein ionisches Pilasterkapitell, jetzt in den Museen (zu Berlin), endlich allerlei Brocken feiner Ausstattungsteile, wundervoll scharf geschnittene Stuckornamente, die wir auflesen konnten, zeugen dafür, daß wir hier noch ein Stück pergamenischer Königspracht vor uns haben. Es freizulegen, soweit es noch vorhanden ist, wäre keine große Arbeit, und es ist die nächste Ergänzung dessen, was getan ist, die sich bietet.«

Die von uns hier wieder aufgenommene Arbeit wäre in der Tat nicht allzu schwer gewesen, hätte man nicht die Aufgabe gehabt, etwa 3000 Tonnen schwerer Blöcke und Schuttmassen abzutransportieren, die von der älteren Ausgrabung unterhalb des Athenatempels hierher abgewälzt worden waren und deren Beseitigung mehrere Wochen beanspruchte. Dann aber zeigte sich eine wahrhaft großartige Anlage aus Trachyt, wie er als Baumaterial in älterer hellenistischer Zeit üblich ist (Taf. VIII). Die älteste Periode ist mit starker brauner Schraffur angegeben, der Umbau in späterer hellenistischer Zeit ist mit schwarzer Schraffur bezeichnet, die römische Veränderung mit roter Farbe. Von den 8 mit Blau bezeichneten Stellen ist nur die westlichste (an der Peristylwestecke) hellenistisch, die übrigen alle nach-antik. Mit blasser brauner Schraffur sind die im Peristylinnern eingetragenen ältesten dünnen Hausmauern angedeutet, die durch die große Prachtanlage später überbaut wurden.

Um ein Peristyl von etwa 30 dorischen Säulen (einschließlich der gekuppelten Ecksäulen), deren mittlerer Durchmesser etwa 65 cm beträgt, legte sich auf der NW-, SW- und SO-Seite ein Umgang von 3 m Breite. (Die kurzen Quermauern des SO-Umgangs sind Substruktionen). An diesen Umgang schloß sich im SW eine doppelte Kammerreihe. Dort bestand die einzige Eingangsmöglichkeit, denn an der SO-Seite ruht die Anlage wegen des Abhangs auf hohen Stützmauern und Untergeschoßräumen, deren Freilegung noch bevorsteht. Im NW dagegen liegt höher als das Peristyl der steile Aufgangsweg zur Hochburg, so daß hier nur Räume von 5 m Tiefe sich anschließen konnten, die mit einer polygonalen Mauer gegen den anstehenden Berg abschlossen. Die SO-Seite hatte 5 Kammern, von denen nur die noch nicht völlig ausgegrabenen Kellerräume vorhanden sind, diese allerdings in prachtvoll sorgfältigem Steinschnitt. An der NO-Seite zeigt sich der Rest eines großen Saales (oecus); leider sind seine nordöstlichen Teile völlig zerstört.

Diese braun schraffierte Anlage gehört in die Zeit Attalos' I., wie sich wiederum aus den Ziegelstempeln ergab, die sich sowohl in der bei der Erbauung entstandenen Aufschüttungsschicht fanden als auch an den Ziegeln des an die südwestliche Peristylmauer angebauten Brunnens an der Westecke. Ferner diente uns zur Datierung die auf den Mauern der ersten schraffierten Epoche häufig vorkommende Steinmetzmarke ᛒ, die übereinstimmend im Demeterheiligtum erscheint, wo sie Doerpfeld[2] als zur letzten Re-

---

[1] Pro Pergamo, S. 22f.

[2] Ath. Mitt. 1910, XXXV, S. 367, vgl. 1912, XXXVII, S. 254.

gierungszeit Attalos' I. oder in den Anfang des Witwentums seiner Gemahlin Apollonis, somit in die Anfangszeit Eumenes' II. (seit 197 v. Chr.) gehörig bestimmt hat. Entscheidend für den Ansatz der ersten Anlage dürften die Dachziegel mit dem Attalosnamen sein.

Die zweite hellenistische Epoche, auf dem Plane schwarz schraffiert, kann danach nicht früher als zur Zeit Eumenes' II. angesetzt werden. Sie brachte Erweiterungen im Südwesten und Nordosten. Hier wurde eine $7^1/_2$ m tiefe, $17^1/_2$ m breite Vorhalle erbaut, hinter der ein auffallend schmaler Raum liegt ($3^1/_2 : 10^1/_2$ m). Als besondere Eigentümlichkeit zeigt er an der Nordostseite eine etwa 1 m tiefe, 4 m breite Nische, die auf einen Kultraum schließen läßt. In römischer Zeit (rote Schraffur) wurde dieser Raum zu einem quadratischen Gemach von etwa $6^1/_2$ m Seitenlänge umgebaut, dessen Mauern auffällig dick sind (2 m). Ob diese Mauern in ganzer Stärke hochgegangen sind, ist zu bezweifeln. Ein Teil ihrer Stärke dürfte als Podium für eine Innendekoration gedient haben. Eine derartige Bildung liegt in größter und vornehmster Ausgestaltung jetzt vor im Saale B der 1927 freigelegten Thermen des Antoninus Pius (Stadionthermen) zu Ephesos, vgl. KEIL, 13. vorläufiger Bericht über die Ausgrabungen zu Ephesos, Österr. Jahreshefte XXIV, Beiblatt, Sp. 25, Abb. 12. Reste von Halb- und Herzsäulen aus Marmor sind gefunden, die vielleicht einem solchen Podium angehört haben, doch bleibt dies der weiteren Untersuchung noch vorbehalten. Die Kammer war in dem jetzt noch vorhandenen Teil mit Marmorplatten unter Verwendung von Mörtel verkleidet. An die Stelle der vertieften Nische der zweiten hellenistischen Periode trat eine 4 m breite, 0,60 m vorspringende Bank. Es wird also auch in römischer Zeit hier ein Kult gewesen sein, wie in Ephesos der Kaiserkult. Auch die Front der Vorhalle wurde damals in Marmor, z. T. aus wiederverwendeten Stücken, umgebaut. Reste von Zahnschnittgesimsen sind gefunden.

Diese ganze Anlage ruht auf einer etwa 2 m tiefen Anschüttung, unter welcher Teile der vorattalischen Stadtanlage zum Vorschein kamen. Diese scheint recht bescheiden gewesen zu sein, wie die leicht braun schraffierten Bruchsteinmauern (Dicke etwa 60 cm im Innern des Peristylhofes) sowie die nur $2^1/_2$ m breite gepflasterte Gasse, die von NW nach SO verläuft, anzeigen. Auf der Nordostseite dieser Gasse gruppieren sich die Reste von fünf Zimmer um einen gepflasterten Hof, eines davon als offene Halle (Prostas?). Südwestlich davon schließen sich zwei Räume eines Nachbarhauses an. Zahlreiche, für die Chronologie der hellenistischen Keramik wichtige Gefäßscherben sind hier gefunden und werden von Dr. BOEHRINGER einer speziellen Bearbeitung unterzogen.

Vorläufig sei nur dies wenige über den Befund im »Prinzessinnenpalais« gesagt, da es bis jetzt nur in seinem westlichen Teile geklärt ist. Auch hat sich noch keine epigraphische Urkunde ergeben, aus der wir auf den Kultinhaber dieser großen Anlage schließen können. Eine ausführlichere Publikation wird erfolgen können, sobald der Rest des Bauwerks, deren freigelegte Teile bereits eine Fläche von 40 : 50 m bedecken, ausgegraben sein wird. Dies soll im Herbst d. J. geschehen.

Es mögen hier drei Inschriften folgen, die sich im Schutt der älteren Ausgrabungen bei der erneuten Aufräumung gefunden haben. Sie sind bei der Freilegung des Athenaheiligtums seiner Zeit nicht bemerkt worden.

1. Graublauer Marmor, rings Bruch. H. 15, Br. 27 cm, Tiefe 15 bis 17 cm, Bh. 3.5 bis 3.8, das ⊙ 2.5 cm. Die Buchstaben sind sehr tief ẹingehauen (Abb. 7, oben).

Δ<u>ι</u>ὶ] καὶ Ἀθηṿᾶι [Νικηφόρωι
ἀπ]ὸ τῆς παρὰ [....... μάχης

Das Bruchstück gehört zu den Siegesinschriften des Königs Attalos I. und vermutlich zu Nr. 36 der Inschr. von Pergamon, vgl. DITTENBERGER, Or. I. S. Nr. 275.

Abb. 7.

2. Teil einer profilierten Marmorbasis (Abb. 7, unten).

Βασιλεὺς Ἄτταλος τῶν ἀγώνω]ν
τῶγ κα[τὰ πόλεμον χαριστήρια
Ἀθηνᾶι

Vgl. dazu Inschr. von Pergamon Nr. 21, Dittenberger, Or. I. S., Nr. 273.

3. Basis aus grauem Marmor, oben und unten profiliert wie Inschr. von Pergamon Nr. 497. H. 50, Br. unten 65.5, oben 64.7, Tiefe 42 cm, Bh. 2 bis 2.5 cm. Auf der Oberfläche sieben Dübellöcher. Höhe der Inschriftfläche ohne oberes und unteres Profil 31 cm (Phot. Abb. 8 links oben).

Ὁ δῆμος ἐτίμησεν
Σαρ ... Ἀριστοβούλου τοῦ
Τεύθραντος τὴν καλουμένην
Ἀρσινόην τὴν γενομένην
ἱέρειαν τῆς Πολιάδος καὶ
νικηφόρου Ἀθηνᾶς ἱερατευ-
σάσαν ὁσίως καὶ εὐσεβῶς
τῆι σωτηρίαι τῆς πόλεως

Zwischen *σωτηρίαι* und *τῆς* ein Punkt.

Abb. 8.

4. Die folgende Inschrift fand sich im »Garten der Königin«, vor der Nordfront des Arsenals Nr. 5. Quadratischer Trachytstein, H. 36, Br. 34, Bh. 2 cm. Oben in der Mitte eine 12 cm breite, 3 cm tiefe Einarbeitung, wohl für eine Herme (Abb. 9).

Ἑρμᾶι λαμπαδῖ-
ται ἀνέθηκαν
Φιλοκράτης
Τιμακρατης
Ἀναξαγόρας
Νικόστρατος
Πολυκράτης
Ἀπο[λλώνιος?

Gute, stark verwitterte Schrift des 3. Jahrhunderts v. Chr.: Α Σ Ε. Man könnte auch an einen (dorischen) Ἑρμᾶς Λαμπαδίτας denken, doch wäre dieser Beiname singulär. Eher darf man eine Genossenschaft nach Art der λαμπαδισταὶ in Patmos annehmen, worauf mich F. Hiller v. Gaertringen hinweist, vgl. Poland, Vereinswesen S. 621, Nr. 49.

5. Weißer Marmor; rings gebrochen. H. 22, Br. 21, Tiefe noch 5.5 cm. Bh. 1.7 bis 1.8 cm, BA. 2.2 bis 2.5. Zwischen ωνος und ορο 3.7 cm Abstand. Abb. 8 rechts oben.

τ]οὺς φίλους[ς
π]ολυωρίας
-ωνος ὅρο-

Die Schrift ist gut hellenistisch. Es handelt sich offenbar um den Rest eines Ehrendekretes ähnlich wie Dittenberger Syll.[3] 456_{15} τῶν πατρικῶν φίλων πολυωροῦντες, $604._5$ πολυωρημένοι ἐν πάντοις, vgl. Dittenberger Or. J. S. $221._{61}$ βουλόμεθα πολυωρεῖν τ'ανθρώ-

που, 243.8 *πολυωρεῖ πάντων τῶν πολιτᾶν*. Die Reste der letzten Zeile scheinen auf Eigennamen hinzuweisen.

Für das Ende des byzantinischen Lebens der pergamenischen Burg waren mehrere Beobachtungen wertvoll, die uns die oberen Schichten der Ausgrabung gestatteten. Der »Garten der Königin« ist in spätbyzantinischer Zeit als Friedhof benutzt worden. Ebenso dehnte sich ein Friedhof vor dem südlichen Tor der Zitadelle, südöstlich vom Athena-

Abb. 9.

tempel über den Ostabhang hin aus. Es fand sich eine große Menge von Gräbern, deren Leichen mit rohen Steinplatten, wiederverwendeten antiken Werkstücken oder mit spitzbogig gegeneinandergestellten Dachziegeln überdeckt waren. Die Ziegel bestehen aus steinigem, rotem Ton, sind in der Form unsorgfältig und vom Brande vielfach verbogen. Sie haben keinerlei Glättung der Oberfläche, wie dies bei den hellenistischen Dachziegeln üblich ist, auch fehlt ihnen der Stempel. Statt dessen ist die Oberfläche des Ziegels mit verschiedenartigen dekorativen Rillen versehen (Abb. 10), die vielleicht das Kennzeichen der verschiedenen Ziegeleien gewesen sind.

Diese byzantinischen Bestattungen hatten keinerlei Beigaben; außerhalb im Schutt fanden sich drei Bronzemünzen Alexios I. (1081—1118) am Nordende des Arsenals Nr. 1, dicht am nördlich anschließenden Felsen, ferner fand sich dicht am Felsen, wo das Nordende des Arsenals Nr. 1 liegt, ein kleiner Tonkrug mit 21 Goldmünzen der Paläologenkaiser Michael (1261—1282) und Andronikos II. (1282—1328). Es fanden sich ferner

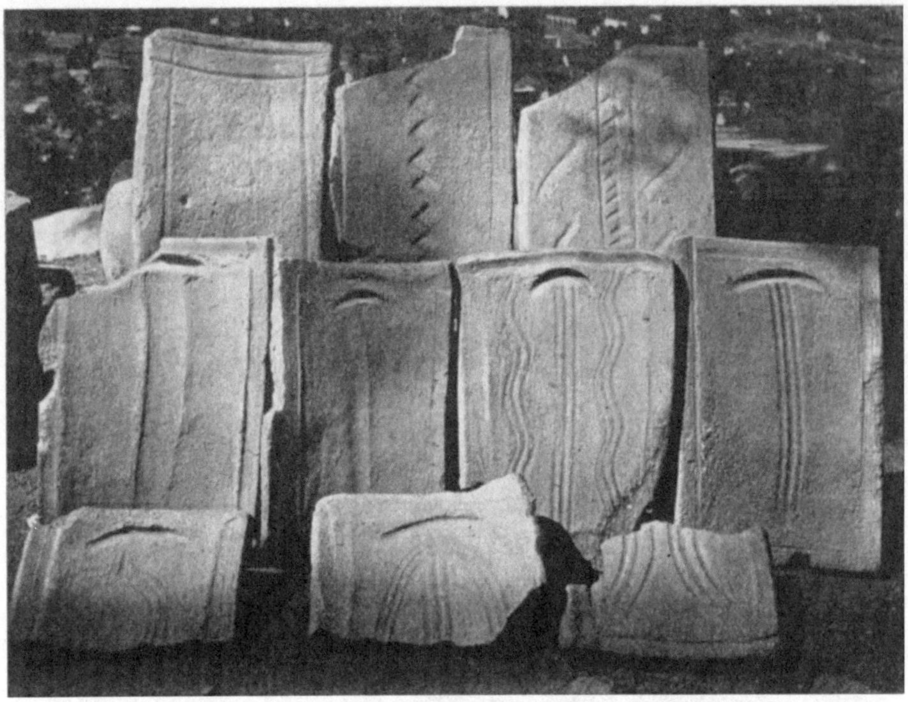

Abb. 10.

zwei Pfennige der Mathilde von Hennegau, Fürstin von Achaia 1316—1318[1]. Dies sind die jüngsten von uns gefundenen Münzen der Hochburg aus christlicher Zeit. Dazu stimmt, daß nach den von Johannes Mordtmann (Sitzungsber. d. Pr. Akad. d. Wiss. 1911, S. 1 ff.) mitgeteilten Nachrichten Pergamon bald nach 1315 und vor 1330 in islamische Gewalt kam, zunächst des Fürstengeschlechtes der Karasi, dann, von 1345, an die Osmanen. Unsere Beobachtungen bestätigten ferner, daß man auf der Hochburg zwei große byzantinische Epochen feststellen kann: die altbyzantinische, die sich unmittelbar aus dem Weiterleben der antiken Stadt entwickelte; in ihre Festungsmauern sind die Altarreliefs verbaut worden, ihre Schuttmassen lieferten zahlreiche Reste christlicher Keramik; diese Siedelung, zu der die Kirche im Athenaheiligtum gehörte, scheint durch Brand zugrunde gegangen zu sein. Wenigstens trifft das für die frühbyzantinische Schicht über dem »Prinzessinnenpalais« zu, in der wir verbrannte Balken, verbranntes Getreide, Massen von verkohlten Kichererbsen u. a. gefunden haben. Die letzte byzantinische Stadt, die vermutlich auf die belebende Tätigkeit der Komnenen im 12. Jahrhundert zurückgeht[2] und zu der die jetzt noch hochragenden Festungsmauern am Gymnasium und am Garten der Königin (Südrand) gehören (Münzen des Alexios I., sind auch dort gefunden), ist nicht gewaltsam untergegangen, sie ist vielmehr einfach verödet. Die islamischen Herren, denen das ganze Hinterland längst gehörte, hatten kein Interesse mehr an dieser einst byzantinischen Grenzfestung, sie ließen sie verfallen und richteten sich in der Unterstadt ein[3]. Dazu stimmt, daß unter den Tausenden von mittelalterlichen Tonscherben der Burg sich nur verschwindend wenige Fragmente islamischer Keramik gefunden haben, von islamischen Gräbern und Bauwerken überhaupt nichts.

[1] Schlumberger, Numismatique de l'orient latin, Paris 1878, Taf. XII 24.

[2] Vgl. dazu Altertümer von Pergamon I 2, S. 330 (Regling).

[3] Gelzer, Pergamon unter Byzantinern und Osmanen, Abh. d. Kgl. Pr. Akad. d. Wiss. 1903, Anh., S. 95 und Anm. 1.

Berlin, gedruckt in der Reichsdruckerei.

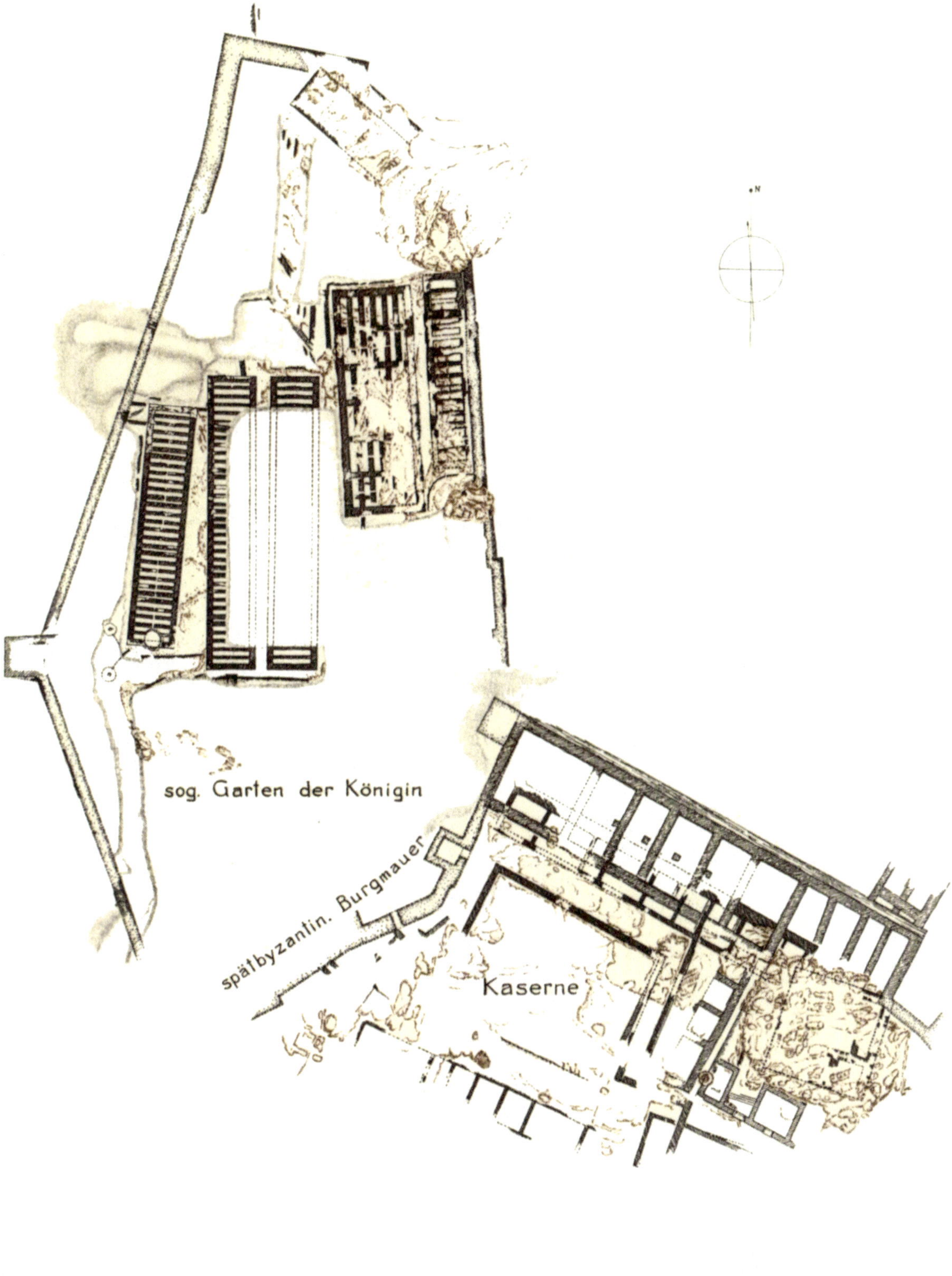

Bezirk der Arsenale und der anstoßenden Kaserne.

Blick auf den Garten der Königin von S. mit den Fundamenten der Arsenale I und II.

WIEGAND: Bericht über die Ausgrabungen in Pergamon 1927. — Taf. II.

Blick von N. auf die spätbyzantinische Burgmauer, davor die Fundamente der Arsenale III, IV, V.

Wiegand: Bericht über die Ausgrabungen in Pergamon 1927. — Taf. III.

Blick von N. auf Arsenal IV und V.

Wiegand: Bericht über die Ausgrabungen in Pergamon 1927. — Taf. IV.

Arsenal V, Wandschlitze der Ostseite.

Wiegand: Bericht über die Ausgrabungen in Pergamon 1927. — Taf. V.

Arsenal V. Oben: Blick von Süden. Unten: Blick von Osten.
Auf beiden Bildern sind die Lagerspuren von Holzbalken deutlich.

Trachytkugeln aus dem »Garten der Königin«.

Wiegand: Bericht über die Ausgrabungen in Pergamon 1927. — Taf. VII.

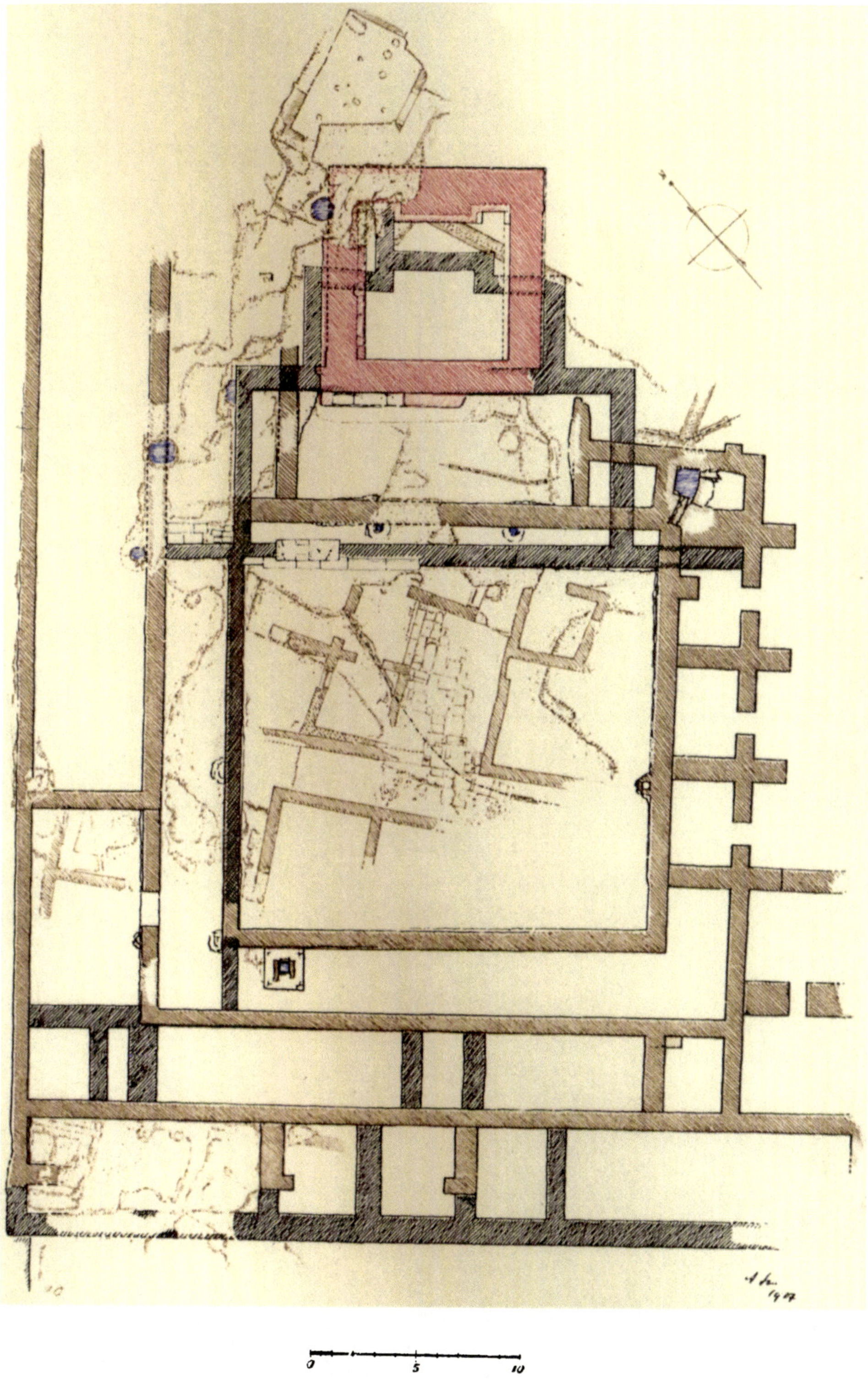

Sog. »Prinzessinnenpalais«. Zustand der Grabung im Juli 1927.

FSC
www.fsc.org
MIX
Papier | Fördert gute Waldnutzung
FSC® C083411

Kolibri 360 GmbH
Ferdinand-Jühlke-Straße 7
99095 Erfurt, Deutschland
produktsicherheit@kolibri360.de